Daniela Herrmann

Angelika Kipp

Es regnet!

Fensterbilder aus Tonkarton

frechverlag

Von der beliebten Autorin Angelika Kipp sind im frechverlag zahlreiche fröhliche Titel erschienen. Hier eine Auswahl:

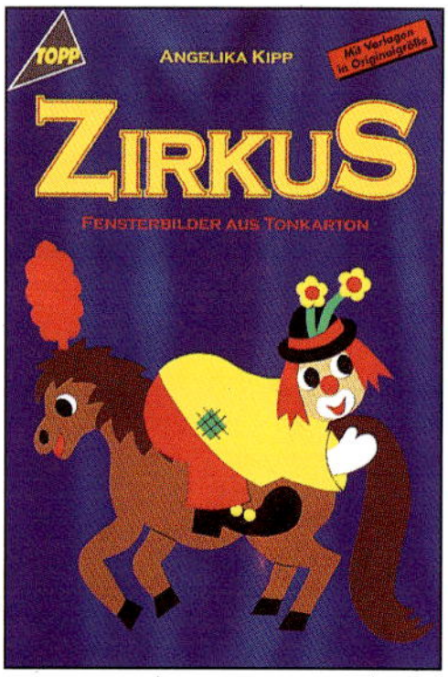

TOPP 1809

TOPP 1714

TOPP 1812

TOPP 1829

TOPP 1832

TOPP 1886

Fotos: frechverlag GmbH & Co. Druck KG, 70499 Stuttgart,
Fotostudio Ullrich & Co., Renningen
Zeichnungen: Berthold Kipp

Auflage: 5. 4. 3. 2. 1. | Letzte Zahlen
Jahr: 1999 98 97 96 95 | maßgebend

frechverlag GmbH + Co. Druck KG, 70499 Stuttgart

ISBN 3-7724-1962-3 · Best.-Nr. 1962
Druck: frechverlag GmbH + Co. Druck KG, 70499 Stuttgart

Dunkle Regenwolken ziehen am Himmel entlang, und dicke Regentropfen klatschen gegen die Scheibe ...!
Die Kinder drücken sich die Nase am Fenster platt – wo kommt denn bloß das viele Wasser her!?
An Regentagen wird's schnell langweilig, draußen darf man nicht spielen, weil die Welt in Pfützen und im Matsch versinkt!
Was liegt da näher, als zu Schere und Tonkarton zu greifen und eine fröhliche Bastelstunde zu beginnen?
Und wenn draußen die Regentage kein Ende nehmen, dann ist auch das Thema der Bastelaktion klar:

Es regnet!

Denn hier macht der Regen allen Spaß: Die Regentropfen-Männchen schaukeln an der Sonne, Glockenblumen, der Hut der Vogelscheuche und der Fliegenpilz werden als Regenschirme eingesetzt, und die Kinder springen fröhlich durch die Pfützen! Die kleine Raupe hat sich gleich drei Schirme ausgeliehen, der Maulwurf stillt mit dem Regen seinen Durst, und der kleine Junge läßt sein Segelboot in einer Pfütze schwimmen.
Sie finden in diesem Buch ganz unterschiedliche regnerische Fensterbilder: Die einen sind ganz bunt und fröhlich, die anderen werden aus einem Stück Tonkarton geschnitten und zeigen sich ganz schlicht und etwas filigraner.
Was gefällt Ihnen besser? Hier haben Sie die Qual der Wahl zwischen vielen Regenbildern – nur das Wetter können Sie nicht beeinflussen!

Viel Spaß beim Basteln!
Angelika Kipp

Tips für das Basteln

Material:

- *Tonkarton (in verschiedenen Farben erhältlich)*
- *Schwarzer Filzstift (dünne Strichstärke)*
- *Bleistift*
- *Bleistiftspitzer*
- *Weicher Radiergummi*
- *Transparent- oder Butterbrotpapier oder schlicht weißes Backpapier*
- *Schere*
- *Lineal*
- *Zirkel*
- *Bastelmesser*
- *Unterlage*
- *Klebstoff, Klebefilm*
- *Faden zum Aufhängen (evtl. Nylon)*
- *Nähnadel*
- *Pluster-Pen (in verschiedenen Farben erhältlich)*

Übertragen des Motivs

Haben Sie sich für Ihr regnerisches Lieblingsmotiv entschieden, legen Sie ein Stück Transparent- oder Butterbrotpapier auf den Vorlagenbogen. Kleben Sie es am besten mit einem kleinen Klebestreifen fest, damit es nicht verrutscht.

Zeichnen Sie alle Linien der Figur mit einem weichen, aber spitzen Bleistift nach.

Anschließend lösen Sie das Transparentpapier vom Vorlagenbogen, wenden es und legen es auf den Tonkarton.

Mit einem spitzen Bleistift zeichnen Sie die Linien derjenigen Teile kräftig nach, die in dieser Tonkartonfarbe gearbeitet werden sollen. Bei diesem Arbeitsgang wird der zuerst gezeichnete Bleistiftstrich auf den Tonkarton übertragen.

Die Vorlagen können Sie nun mühelos ausschneiden; eventuell vorhandene Bleistiftstriche entfernen Sie mit einem weichen Radiergummi.

So werden nacheinander alle Tonkartonfarben bearbeitet.

Gestaltung des Motivs von der Vorder- und Rückseite

Ein freihängendes Fensterbild sollte sowohl von der Vorder- als auch von der Rückseite gearbeitet werden.
Hierzu benötigen Sie die meisten Teile in doppelter Ausführung.
Die Teile werden nur spiegelverkehrt, aber in der gleichen Reihenfolge wie auf der Vorderseite angeordnet.

Aufhängung

Es gibt verschiedene Möglichkeiten, ein Fensterbild aufzuhängen. Sie können sich zwischen dem altbewährten Faden oder einem Klebeband entscheiden.
Wenn Sie mit einem Faden arbeiten wollen, balancieren Sie das Motiv zwischen Daumen und Zeigefinger aus, bis Sie die richtige Stelle gefunden haben.
Mit einer Nadel stechen Sie dann einige Millimeter vom Rand entfernt in den Tonkarton und ziehen nun den Faden durch.
Je größer das Motiv ist, um so sinnvoller ist eine Aufhängung an zwei Fäden.

Basteln mit und ohne Plusterfarbe

Plusterfarbe

Plusterfarbe gibt dem Fensterbild ein phantastisch plastisches Aussehen. Die Farbe ist vielseitig einsetzbar; sie eignet sich für Stoff, Leder, Papier, Kunststoffe, Holz, und, und, und, ...
Mit dem Pluster-Pen, der über eine Malspitze verfügt, können Sie die Farbe dünn und sauber auf Ihr Fensterbild auftragen. Wenn man die Farbe anschließend auf der heißesten Stufe fönt, „plustert" sie sich auf.

Achtung:
Die Motive sollten immer zuerst fertig gebastelt werden – erst dann wird mit Plusterfarbe gearbeitet.

Bei einigen Werken habe ich auf Plusterfarbe verzichtet, da mir die schlichten, einfachen Motive so besser gefallen – aber Sie können Ihrer Phantasie freien Lauf lassen und die Farbe auftragen, wo immer es Ihnen gefällt.

Wettervorhersage: Regen

Nicht ohne Grund hat der kleine Laubfrosch sich den Schirm besorgt ... Das Glas mit der Leiter, in dem er sitzt, wird aus einem Stück gelbem Tonkarton geschnitten.
Der Frosch erhält seine Augen mit den aufgemalten Pupillen und den Mund; danach bekommt er den aufgespannten Schirm und seine Arme.
Und weil es schon zu tröpfeln beginnt, werden die dicken Regentropfen noch schnell mit Pluster-Pen dekoriert!

Na, wie schaut's aus?

Zeichnen Sie zunächst das Gesicht des kleinen Indianermädchens, seine Kette und den Zelteingang auf.
Dann stellen Sie das Zelt auf die Wiese.
Die kleine Rothaut bekommt von vorne die Haarpracht mit dem Stirnband und von hinten den Federschmuck.
Die Händchen werden unter dem Kleidungsstück, das fertige Kopfteil darauf fixiert.
Plazieren Sie die Regentropfen, die mit Plusterfarbe verziert sind, auf dem Zelt und das Mädchen davor.
Neugierig schaut es heraus. Ob es wohl bald aufhört zu regnen?

Eine fürsorgliche Mutter!

Legen Sie ein Stück Transparentpapier auf den Vorlagenbogen. Kleben Sie es am besten mit einem kleinen Klebestreifen fest, damit es nicht verrutscht. Dann werden alle Linien mit einem weichen, aber spitzen Bleistift nachgezogen.

Anschließend wenden Sie das Transparentpapier und legen es auf den Tonkarton der gewünschten Farbe.

Mit einem spitzen Bleistift zeichnen Sie die Linien nochmals kräftig nach; bei diesem Arbeitsgang wird der zuerst gezeichnete Bleistiftstrich auf den Karton übertragen. Das Motiv können Sie nun mühelos mit dem Schneidemesser ausschneiden.

Ein natürlicher Regenschutz

Dieses Motiv schneiden Sie mit einem Bastelmesser aus (vgl. dazu S. 8).
Die kleine Maus weiß aus Erfahrung, wie man den dicken, blauen, mit Plusterfarbe verzierten Regentropfen ausweichen kann: Die Glockenblume, die gerade in der Nähe wächst, bietet ausreichenden Schutz!
Die Tropfen werden zusätzlich aufgeklebt.

Pitsche, patsche, durch die Matsche ...

Hei, was macht das Spaß, durch die Pfützen zu planschen! Kleben Sie zunächst jeweils die Haare auf das Kopfteil.

Beim roten Mantel wird es dann unter der Kapuze fixiert, beim gelben Mantel wird das Kopfteil samt Hut daraufgeklebt. Bringen Sie die Ärmel am Mantel an, und ziehen Sie beiden die wasserfesten Gummistiefel an. Das Beinteil sowie die Hand werden jeweils unter dem entsprechenden Kleidungsstück plaziert.

Nun brauchen die beiden nur noch ihre Regenschirme, denn einige Tropfen sind bereits vom Himmel gefallen. Die Tropfen sowie die Pfützen dekorieren Sie mit Plusterfarbe. Und dann heißt's: Pitsche, patsche, durch die Matsche ...

So ein Frechdachs

Zeichnen Sie bei beiden Tieren ihr Auge und alle gepunkteten Linien (s. Vorlagenbogen) auf.

Legen Sie dem Rüsseltier die rote Decke mit dem gelben Rand über, und setzen Sie den Teddy, der sein linkes Ohr bereits erhalten hat, darauf. Nun bekommt auch der Elefant sein großes Ohr angeklebt.

Da der graue Koloß ein wenig übermütig ist und mit dem Rüssel Wasser versprüht, geben Sie dem Teddy lieber gleich einen aufgespannten Schirm in die Pfote. Der Wasserstrahl ist mit dem Schirm verbunden, damit die Bastelarbeit die nötige Stabilität erhält. Plusterfarbe verleiht dem Wasserstrahl und den Tropfen ein plastisches Aussehen.

Optimaler Regenschutz

Die kleine Raupe bekommt zunächst ihr Gesicht aufgezeichnet, und die zweiteiligen Regenschirme erhalten jeweils ihre Speichen.
Vorsorglich hat das wasserscheue Tier sich gleich drei Regenschirme ausgeliehen, die es mit seinen Beinchen von vorne krampfhaft umklammert.
Die restlichen drei Beinchen benötigt die Raupe zum Krabbeln auf dem Zweig.

Die herrlich grünen Blätter, die mit Plusterfarbe verziert sind, dekorieren den Zweig.
Hoffentlich weiß die Raupe später noch, bei wem sie welchen Schirm ausgeliehen hat ...

Spaziergang im Regen

Diese Kinder lieben es, mit dem Schirm durch den Regen zu laufen. Mit Hilfe eines Schneidemessers wird die Bastelarbeit in einem Stück aus weißem Tonkarton ausgeschnitten (vgl. S. 8). Dieses Bild sollte auf jeden Fall an zwei Fäden aufgehängt werden.

Auf dem Vorlagenbogen finden Sie auch die Vorlage eines Regentropfens: Wenn Sie möchten, können Sie dieses Bild zusätzlich mit blauen Regentropfen dekorieren – vielleicht sogar noch mit Pluster-Pen verziert?

Regenwetter

Nach der letzten Wettervorhersage geht man am besten nicht mehr ohne den Regenschirm vor die Tür, auch wenn der Himmel mal kurzfristig nicht weint ...
Nehmen Sie beim Ausschneiden des netten Motivs ein Schneidemesser zu Hilfe (vgl. S. 8).

Ein trockenes Plätzchen

Zeichnen Sie zunächst das Gesicht der Vogelscheuche, die Pupillen der Vögel, die Knopfleiste der Jacke mit den Knöpfen und den Schritt der Hose auf. Die einzelnen Kleidungsstücke werden mit den Flicken dekoriert; die Flickennähte malen Sie auf. Fixieren Sie nacheinander die Hose, die Jacke mit dem Gürtel und das Kopfteil mit dem dreiteiligen Hut auf dem dafür vorgesehenen Gerüst.

Die beiden Raben lassen sich auf den Schultern der Vogelscheuche nieder und suchen so unter dem großen Hut Schutz vor dem Regen.

Die Tropfen und der Salat werden mit Plusterfarbe dekoriert.

Und auch wenn Vögel sich eigentlich vor Vogelscheuchen fürchten sollten, ... anscheinend ist der Regen schlimmer als die Angst – schließlich sieht der Kerl ja doch ganz nett aus!

Tanz in der Pfütze

Kleben Sie dem kleinen Bären zuerst das Maulteil auf.
Zeichnen Sie das Gesicht, die Fußkrallen sowie die Knöpfe mit der Knopfleiste auf. Dann zieht das Bärchen die Regenjacke mit den aufgeklebten Taschen an. Nun braucht der kleine Brummbär nur noch seinen zweiteiligen Schirm, und schon kann er in der mit Plusterfarbe verzierten Pfütze umherspringen. Da wird sich die Mama aber freuen ...!

Sicher ist sicher!

Der alte Schuh ist zum Schlafen ganz gemütlich, doch bei Regenwetter als Unterkunft sehr ungeeignet, denn so ganz wasserdicht ist er halt doch nicht mehr ...

Das Motiv wird aus einem Stück Tonkarton geschnitten; dazu verwenden Sie am besten ein Schneidemesser (vgl. S. 8).

Ich fühl mich bei diesem Wetter wohl!

Da es heute stark regnet, geht selbst die kleine Gans nicht mehr ohne Regenschirm vor die Tür, – und das will schon was heißen. Trotzdem: Sie fühlt sich bei diesem Wetter wohl!

Beim Ausschneiden des Motivs aus einem Stück Tonkarton nehmen Sie am besten ein Bastelmesser zu Hilfe (vgl. S. 8).

Regentropfen unterm Regenbogen

Die kleinen Regentropfen-Männchen bekommen ihr Gesicht und die Knöpfe aufgemalt.
Die Kopfteile, die mit Plusterfarbe dekoriert sind, werden auf die Anzüge geklebt.
Der bunte Regenbogen besteht aus sieben verschieden großen Halbkreisen, die jeweils leicht übereinandergeklebt werden.
Befestigen Sie die lustigen Regentropfengesellen mit einem Faden an dem Regenbogen.

Rendezvous im Regen

Zeichnen Sie beim Regenschirm die Linien auf. Fixieren Sie die Hände und die Stiefel unter den entsprechenden Kleidungsstücken.
Die Ärmel werden nun von vorne angebracht, und das Pärchen hält den zweiteiligen Schirm gemeinsam fest.

So können die Regentropfen, die mit Plusterfarbe dekoriert sind, den beiden nichts anhaben.
Und eines ist doch klar – zum Rendezvous geht man auch, wenn es in Strömen gießt!

Schirmersatz

Zeichnen Sie zunächst das Gesicht der kleinen Maus sowie die gepunkteten Linien (s. Vorlagenbogen) auf.
Kleben Sie die Innenohrteile auf, und verbinden Sie das Kopfteil mit dem Körper.
Setzen Sie den Arm auf, und ziehen Sie der Maus die Stiefel an.
Dann die Teile des Fliegenpilzes zusammenfügen, wobei die überstehenden Punkte mit der Schere angeglichen werden.
Zum Schutz gegen die Regentropfen, die mit Plusterfarbe verziert sind, geben Sie der Maus den Schirm in die Pfote.
Nun wird sie beim Überqueren der Wiese nicht mehr naß, ... man muß sich nur zu helfen wissen!

Regen bei Nacht

Geben Sie dem Mond mit einem schwarzen Filzstift das Auge und die Nasenrundung.
Fixieren Sie drei Wolken (s. Foto) an dem alten Herrn. Die übrigen Wolken befestigen Sie am Fenster mit zusätzlichen Fäden.

Wenn der gute alte Mond jeden Abend seine Schäfchenwolken zählt, kann es auch hin und wieder vorkommen, daß einige Regentropfen vom Himmel fallen.

Gewußt wie!

Das Maulwurfsgesicht, das Muster der Tasse und alle gepunkteten Linien (s. Vorlagenbogen) werden aufgezeichnet.
Setzen Sie den munteren Gesellen auf seinen aufgeworfenen Hügel, der auf einem gelben Tonkarton-Ring plaziert ist. Rechts und links des Hügels, der mit Plusterfarbe gestaltet wird, sind einige Grasbüschel zu sehen.

Geben Sie dem kleinen Arbeiter von vorne den Schirm in die eine Pfote, die Tasse in die andere, da gerade dicke, mit Plusterfarbe verzierte Regentropfen vom Himmel fallen.
Diese Schlechtwetterfront nutzt der kleine Schelm, um seinen Durst zu löschen. Ganz schön schlau!

Auf jedes Wetter vorbereitet

Für den Schnabelstrich und das Auge brauchen Sie einen feinen schwarzen Filzstift; danach kleben Sie den Schnabel auf. Der kleine Flugkünstler läßt sich selbst bei Regen die Freude am Fliegen nicht nehmen.
Mit einem dreiteiligen Schirm, den er im Schnabel hält, fliegt er unter den dicken Regenwolken hindurch.
Selbst einige mit Plusterfarbe verzierte Tropfen können ihn nicht zur Landung zwingen!

Eine unwiderstehliche Anziehungskraft

Frau Sonne und die Regentropfen-Männchen bekommen ihre Gesichter aufgemalt; ebenso werden die Knöpfe und alle gepunkteten Linien (s. Vorlagenbogen) aufgezeichnet. Fixieren Sie die Köpfe der Männchen, die mit Plusterfarbe verziert sind, auf ihren Anzügen, und fügen Sie die zweiteilige Sonne zusammen.

Dann hängen Sie die Tropfenmännchen an die Strahlen. In dieser netten Gesellschaft fühlt sich Frau Sonne sichtbar wohl!

Spiel bei Regenwetter

Dieser kleine Bub läßt sein Segelschiffchen in der großen Pfütze schwimmen. Selbst einige Regentropfen, die vom Himmel fallen, halten ihn davon nicht ab.

Nehmen Sie beim Ausschneiden des Motivs aus einem Stück Tonkarton ein Schneidemesser zu Hilfe (vgl. S. 8).